Fuchs ganz nah

Die Geschichte einer Freundschaft

KLAUS ECHLE
ANNA RUMMEL

Inhalt

Wie alles begann

Mit etwa vier Wochen verlassen Fuchswelpen das erste Mal den Bau und beginnen, ihre Umgebung neugierig zu erkunden. Ihr Fell, das bei der Geburt graubraun und flauschig ist, färbt sich langsam rot.

Die erste Begegnung

Es war ein schöner warmer Abend Anfang Mai, und ich beschloss, auf Jagd zu gehen. Gerade hatte ich es mir auf meinem Hochsitz bequem gemacht und wartete auf einen Rehbock, als mich ein Rascheln aufmerken ließ. Zunächst sah ich nur, wie sich einzelne Grasbüschel bewegten. Dann tauchten zwei Ohren und ein kleiner runder Kopf aus dem Gras auf. Das war nicht der Rehbock, auf den ich gewartet hatte, deshalb griff ich zum Fernglas statt zum Gewehr. Nun konnte ich besser erkennen, wer da durchs Gras streifte. Es war ein kleiner Jungfuchs. Sein Welpenfell war noch gräulich und flauschig, doch ein roter Schimmer des Erwachsenenfells war bereits zu erkennen.

Der neugierige Fuchs

Neugierig tapste der kleine Fuchs die Rückegasse hinunter, direkt auf meinen Hochsitz zu. Unterwegs blieb er mehrfach stehen, um mit seinen großen Ohren zu lauschen oder um übermütig in einen Grashalm zu beißen, der ihm im Weg stand. Der kleine Kerl war jetzt nur noch wenige Meter von meinem Sitz entfernt und ich brauchte das Fernglas nicht mehr. Vorsichtig legte ich es zur Seite.

Der Welpe lief genau unter meinem Sitz hindurch. Ich spitzte die Lippen und ahmte das hohe Fiepen einer Maus nach. Sofort blieb der Fuchs stehen und hielt Ausschau nach der vermeintlichen Beute. Ich fiepte noch einmal. Er blickte mit gespitzten Ohren in alle Richtungen, konnte aber offenbar nicht orten, woher das Geräusch gekommen war. Ich rutschte auf meinem Sitzbrett ein Stück nach links, um den Fuchs besser sehen zu können. Dabei stieß ich gegen das Fernglas, das neben mir lag und nun mit einem lauten Poltern zu Boden fiel. Anstatt die Flucht zu ergreifen, stand der Fuchs noch immer an der gleichen Stelle neben meinem Hochsitz und spähte neugierig zu mir herauf. Auf ein erneutes »Mäuseln« meinerseits setzte er sich hin, sah mich an und legte den Kopf schief. Wir beobachteten einander noch eine Weile, dann setzte er seinen Weg die Rückegasse hinab fort und verschwand aus meiner Sicht.

Der Förster und der Fuchs

Zwei Tage später saß ich wie so oft mit dem Revierleiter Klaus Echle im Forsthaus bei einer Tasse Kaffee zusammen. Als ich ihm von meinem Erlebnis mit dem Jungfuchs erzählte, berichtete mir Klaus, dass er ganz in der Nähe ebenfalls ein besonderes Erlebnis mit einem Fuchswelpen gehabt hatte. Er war im Wald unterwegs gewesen, um Bäume auszuzeichnen, die bei der nächsten Durchforstung gefällt werden sollten.

Mit der Sprühdose in der Hand durchstreifte Klaus, der Förster, sein Revier und markierte die Bäume, die gefällt werden sollten, mit einem roten Strich. Aufmerksam wurde er dabei von einem Fuchswelpen beobachtet.

Plötzlich bemerkte er einen kleinen Fuchswelpen, der ihn aufmerksam beobachtete und mit gespitzten Ohren seine Arbeit verfolgte. Insbesondere das Zischen der Sprühdose, mit der Klaus die Bäume markierte, schien für das Tier sehr spannend zu sein. So wanderte Klaus von Baum zu Baum, immer gefolgt von dem kleinen Fuchs. Selbst als er ihn direkt ansah und ansprach, zeigte der kleine Kerl keine Scheu. Erst als Klaus seine Arbeit beendet hatte, in seinen am Wegrand geparkten grünen Jeep stieg und die Zündung betätigte, verschwand der Fuchswelpe im Gebüsch.

Erste Annäherung

Das ähnliche Verhalten der von uns beobachteten Fuchswelpen – die Neugier und Zutraulichkeit – ließ in uns die Vermutung aufkommen, dass es sich um ein und dasselbe Tier handelte. Mein Interesse an dem neugierigen Fuchs war durch Klaus' Erzählung gestiegen, und so zog ich einige Tage später wieder einmal los. »Bewaffnet« war ich dieses Mal nicht mit dem Gewehr, sondern mit ein paar Hundeleckerli in meiner Tasche.

Kaum hatte ich auf dem Hochsitz Platz genommen, sah ich den Fuchswelpen schon durchs Unterholz streifen. Ich mäuselte ihn wie bei unserer ersten Begegnung an und tatsächlich kam er wieder ohne Scheu näher. Als er etwa 15 Meter vor mir stehen blieb, schob ich langsam eine Hand in die Hosentasche, zog ein Leckerli hervor und schnippte es in seine Richtung. Zögernd ging er drei Schritte darauf zu, hielt dann aber kurz inne und machte wieder zwei Schritte zurück. Er war offenbar noch nicht ganz überzeugt von der Sache.

Doch schließlich siegte seine Neugier. Er schnappte sich das Leckerli und lief damit im Maul eilig einige Meter weit weg, um es in Ruhe zu fressen. Ich warf ihm abermals einen Brocken zu. Dieses Mal kam er schon mutiger näher, nahm sich das Futter und brachte sich zum Fressen wieder schleunigst einige Meter von mir entfernt in Sicherheit. Wir wiederholten dieses Spiel noch einige Male, bis der Kleine sich traute, ohne Sicherheitsabstand direkt unter meinem Hochsitz zu fressen.

Ein ganz besonderer Fuchs

Schon am folgenden Tag fuhr ich wieder in den Wald, dieses Mal in Begleitung von Klaus, der den Fuchswelpen in den letzten Tagen ebenfalls häufiger getroffen hatte. Sein Sohn Martin hatte dem Fuchs nach unseren Erzählungen bereits einen Namen gegeben: Sophie! Zwar wussten wir noch nicht, ob es sich tatsächlich um einen weiblichen Fuchs handelte, aber wir fanden den Namen beide passend und so hieß »unser« kleiner Fuchs nun Sophie.

Ein Fuchs namens Sophie

Wir waren gespannt, ob wir Sophie treffen würden und wie sie sich uns gegenüber verhalten würde. Wir parkten an einer Wegbiegung, an der eine große Holzbeige aufgestapelt war. Ein kleiner Trampelpfad führte in die Richtung des Hochsitzes. Wir liefen ein Stück in den Wald hinein und warteten. Gespannt beobachteten wir die Umgebung, um zu sehen, aus welcher Richtung Sophie

»Unser« Fuchs bekam den Namen Sophie. Füchse besitzen, wie auch wir Menschen, unterschiedliche Charaktere. Sophie war ein besonders neugieriger, zutraulicher Fuchs. Sie akzeptierte uns schnell als ihre menschlichen Begleiter.

Füchse sind sehr anpassungsfähig und finden sich in den unterschiedlichsten Lebensräumen zurecht. Sowohl Wälder und landwirtschaftliche Flächen als auch urbane Bereiche werden von ihnen besiedelt.

auftauchen würde. Aber sie kam nicht. Nach einer Weile gingen wir enttäuscht zum Auto zurück. Wir waren gerade dabei, einzusteigen, als sich Klaus noch einmal umdrehte. Da sah er einen kleinen Fuchskopf hinter der Holzbeige hervorschauen. Sophie war doch gekommen.

Freche Sophie

Einige Abende später wartete Sophie bereits auf uns, als wir an der Holzbeige ankamen. Sie beobachtete, wie wir aus dem Auto stiegen und langsam auf sie zugingen. Ich griff in die Tasche und warf ihr ein Leckerli zu. Nach kurzem Zögern stand sie auf, lief zu dem Leckerli und fraß es, ohne uns dabei aus den Augen zu lassen. Ich warf ihr ein weiteres zu, diesmal landete es jedoch etwas näher bei uns. Sophie machte sich ganz lang, nahm mit spitzer Schnauze das Leckerli vom Boden und rannte schnell wieder ein paar Schritte zurück, um in sicherer Entfernung in Ruhe zu fressen. Ich warf ihr weitere Leckerli zu und verringerte dabei Schritt für Schritt den Abstand zwischen uns. Klaus und ich verhielten uns dabei ganz ruhig und bewegten uns kaum. So traute sich Sophie immer näher und lief auch zum Fressen nicht mehr weg.

Nach einer Weile war sie scheinbar satt, denn sie fraß die Leckerli nicht mehr sofort auf, sondern nahm sie ins Maul und trug sie nur davon. Kurz darauf erschien sie aber schon wieder, um sich weitere »Beute« abzuholen und zu verstecken. So ging es einige Male hin und her, bis Sophie mit einem Leckerli im Maul verschwand und nicht mehr zurückkam. Wir wunderten uns und hielten Ausschau nach ihr. Plötzlich drehte sich Klaus erschrocken um. Etwas hatte

Das Verbreitungsgebiet von Füchsen umfasst nahezu ganz Asien, Europa, Nordafrika und Nordamerika.

an seinem Schnürsenkel gezogen. Sophie sah uns keck von unten an, als wollte sie sagen: »Hier bin ich doch!« Wir mussten beide lachen, und ich warf ihr ein letztes Leckerli zu, bevor wir zum Auto zurückgingen. Als ich im Wegfahren in den Rückspiegel blickte, sah ich Sophie vor der Holzbeige stehen und uns nachschauen.

Klaus und ich standen nun vor einem Problem. Wir freuten uns darüber, dass Sophie so neugierig und zutraulich war und auch Leckerli von uns annahm. Doch das Füttern von Wildtieren birgt viele Risiken. Durch falsches, unverträgliches Futter können sie krank werden. Gefährlich kann es auch für sie sein, wenn sie abhängig von menschlichem Futter werden und verlernen, sich selbstständig zu ernähren.

Die größte Gefahr bei der Fütterung von Wildtieren aber ist die Futterkonditionierung. Wenn sie lernen, dass Menschen freundlich sind und ihnen Futter bringen, können sie ihre angeborene Scheu verlieren und zahm werden. Doch fehlender Respekt vor den Menschen kann zu Konflikten führen: umgewühlte Parkanlagen, geplünderte Mülltonnen, zerstörte Kleingärten sind die Folge. Manchmal kommt es sogar vor, dass die Tiere sich nicht mehr verscheuchen lassen und angreifen, wenn sie bedrängt werden. Wir beschlossen daher, Sophie nur in Ausnahmefällen Leckerli zu geben und abzuwarten, ob sie ihre große Neugier uns gegenüber auch ohne Futter beibehalten würde.

(Sau)glück gehabt!

An einem schönen Juniabend genoss ich die letzten Sonnenstrahlen auf meinem Hochsitz und wartete auf Sophie. Ich schloss die Augen und träumte vor mich hin. Als ich sie wieder öffnete, stand Sophie wie aus dem Nichts aufgetaucht plötzlich da. Ich »mäuselte« sie an, und sie blickte kurz zu mir hinauf. Doch ihre Aufmerksamkeit galt heute nicht mir, sondern einer kleinen Fichte, die etwa 30 Meter hangabwärts von mir stand. Langsam und mit gespitzten Ohren zog sie darauf zu, hielt aber immer wieder inne, um sich umzublicken. Als sie noch etwa 20 Meter von der Fichte entfernt war, erschrak sie plötzlich und rannte ein Stück davon. Aber schon kurz darauf kam sie neugierig zurück. Dieses Mal näherte sie sich der Fichte von einer anderen Seite.

Ich beobachtete sie gespannt. Irgendetwas musste wahnsinnig aufregend an diesem Baum sein. War das vielleicht mein Rehbock oder ein anderer Fuchs? Aber so sehr ich mich auch bemühte, ich konnte nichts erkennen. Langsam und zögernd schlich Sophie weiter, die Ohren gespitzt, die Augen starr geradeaus gerichtet, den Körper leicht geduckt. Immer wieder hielt sie kurz inne.

Sophie schlich durchs Unterholz auf einen unbekannten Geruch zu. Plötzlich wurde sie von der Bache überrascht und angegriffen.

Die Zähne einer Bache sind eine gefährliche Waffe, mit der sie im Notfall ihre Frischlinge erfolgreich gegen unliebsame Eindringlinge verteidigt.

Meine Spannung stieg, sie hatte die Fichte beinahe erreicht. Da rumpelte es unter dem Baum, Sophie machte schlagartig kehrt und rannte so schnell sie konnte davon – verfolgt von einer dicken Wildsau!

Sophie sprintete auf den nahen Farn zu. Die Sau folgte ihr dicht auf den Fersen und beide verschwanden im Gestrüpp. Nach zwei Minuten kam die Wildsau gemütlich zurückgetrabt – allein. Von Sophie war keine Spur zu sehen. Als die Sau ihren Platz unter der Fichte wieder erreicht hatte, klärte sich auch auf, warum sie so aggressiv auf die neugierige Sophie reagiert hatte. Für einen kurzen Moment sah ich, wie drei kleine, braun gestreifte Frischlinge unter der Fichte hervorwuselten und ihre Mutter freudig quiekend begrüßten. Die kleine Familie machte es sich wieder bequem und anhand der schmatzenden Geräusche, die ich kurz darauf vernahm, konnte ich erkennen, dass sich die Frischlinge erst einmal saugend von diesem Schreck erholen mussten.

Ob sich die Wildschweine oder Sophie mehr erschreckt hatten, konnte ich nicht sagen, aber Sophie hatte aus dieser Begegnung sicher etwas gelernt: Eine säugende Bache stört man nicht beim Mittagsschlaf, sonst kann sie ganz schön sauer werden! Als es dunkel geworden war, kletterte ich von meinem Hochsitz und machte mich auf den Heimweg. Zwar wieder einmal ohne den Rehbock, aber dank Sophie um ein schönes Erlebnis reicher.

Während Klaus noch die Schärfe des Bildes überprüfte, schlich sich sein »Modell« leise von hinten an ihn heran und kontrollierte, ob er alles richtig machte.

Eine Freundschaft entsteht

Seit meiner Bekanntschaft mit Sophie kam ich kaum noch zum Jagen. Der Rehbock, auf den ich bei unserer ersten Begegnung gewartet hatte, war sicherlich erfreut darüber. Stattdessen besuchte ich viel lieber zusammen mit Klaus »unsere Füchsin« und gemeinsam gingen wir auf »Fotopirsch«.

Beginn einer Modellkarriere

Eines Tages brachte Klaus zu unserem Treffen mit Sophie seine Fotoausrüstung mit. Als er die beiden Rucksäcke aus dem Auto lud, erschrak Sophie zunächst und wich vor den großen Ungetümen zurück. Skeptisch beobachtete sie uns, wie wir die Rucksäcke öffneten und Kamera, Objektiv und Blitz hervorholten. Doch dann siegte wieder einmal ihre Neugier, und sie schlich langsam näher. Etwa einen Meter von den Rucksäcken entfernt blieb sie stehen, machte sich ganz lang, sodass sie gerade mit der Schnauze den Reißverschluss erreichen konnte, und zog daran. Sicherheitshalber verstauten wir die Rucksäcke wieder im Auto.

Nachdem Klaus alle Einstellungen an Kamera und Objektiv getroffen hatte, begann er, die ersten Bilder von Sophie zu machen. Das leise Klicken beim Auslösen der Kamera störte Sophie nur kurz. Schon bald verhielt sie sich vertraut wie immer und ignorierte den Fotografen. Das geborene Fotomodell!

Nach einer Weile tauschte Klaus die Objektive und zeigte mir die letzten Bilder, die er gemacht hatte, auf dem Display der Kamera. Der Fotorucksack lag geöffnet und unbeachtet hinter uns. Diese Chance ließ sich Sophie nicht entgehen. Wir registrierten nur noch, wie sie den Kopf wieder aus dem Rucksack herauszog und mit einem schwarzen Gegenstand im Maul schleunigst das Weite suchte. Sie hatte den Deckel des Objektivs geklaut! Zunächst war Klaus etwas verärgert über diese Dreistigkeit, aber die Aufnahmen, die uns an diesem Tag gelungen waren, entschädigten schnell für den Verlust.

»Füchsisch«

Füchse kommunizieren untereinander durch Körpersprache, Mimik und mit Lauten. Botschaften an Artgenossen übermitteln sie als Duftnoten in Form von Harn- oder Kotmarkierungen. Sie besitzen mehrere Duftdrüsen am Körper, die sie ebenfalls zur geruchlichen Verständigung einsetzen. Insbesondere die Drüsen an Kinn und Kieferbogen und zwischen den Zehen sowie die »Veilchendrüse« am Schwanz spielen dabei eine wichtige Rolle.

Im letzten Abendlicht waren wir gemeinsam mit Sophie unterwegs. Die untergehende Sonne ließ Sophies Fell feuerrot leuchten. Später zeichnete sich nur noch ihre Silhouette gegen den blauen Abendhimmel ab.

Körperhaltung, Bewegung und Mimik sind beim Spiel, Kampf, zur Begrüßung und bei anderen sozialen Interaktionen von großer Bedeutung. Die Bewegungen der Ohren und des Schwanzes verraten viel über die Stimmung und soziale Stellung des Tieres. Ein unterwürfiger oder ängstlicher Fuchs nimmt eine geduckte Haltung ein, seine Ohren sind flach nach hinten angelegt und sein Schwanz zuckt hin und her oder ist unter den Bauch geklemmt. In Spiellaune sind die Ohren gespitzt, der Körper ist aufrecht und der Schwanz wird leicht erhoben getragen.

Über weite Distanzen kommunizieren Füchse meist mit Rufen. Sie besitzen ein großes Repertoire an über 40 verschiedenen Lautäußerungen. Der bekannteste Ruf ist das dreisilbige Bellen, das man vor allem während der Ranzzeit weithin hören kann. Damit verständigen sich Rüde und Fähe auch über weite Distanzen und halten zueinander Kontakt. Des Weiteren können Füchse knurren, winseln, kläffen, schreien, keckern und kreischen.

Jedes Mal, wenn wir aus dem Auto stiegen, um Sophie zu treffen, pfiffen Klaus und ich eine ganz bestimmte Melodie. Sophie lernte sehr schnell, unse-

Füchse besitzen ein großes Repertoire an Körpersprache, Mimik und Lautäußerungen, mit dem sie untereinander kommunizieren.

Austausch von Zärtlichkeit: Sophie genoss ein Kraulem am Kinn und beschnupperte vorsichtig mein Ohr, doch leider kitzelten ihre Barthaare schrecklich.

ren Pfiff zu erkennen und mit unseren Besuchen in Verbindung zu bringen. Die einfache Melodie wurde so zu unserem Kontaktruf. Sobald wir pfiffen, kam Sophie herbeigeeilt.

Doch nicht nur wir lernten »füchsisch«, sondern auch Sophie antwortete uns mit Gestik und Lauten, wie sie zwischen Füchsen üblich sind. Zur Begrüßung näherte sie sich meist mit wild wedelndem Schwanz in geduckter, unterwürfiger Position. Dabei stieß sie ein hohes, schrilles Winseln oder Kreischen aus. Sie empfing uns also auf die typische Art und Weise, wie Jungfüchse ranghöhere Tiere begrüßen. War sie noch nicht da, wenn wir kamen und nach ihr pfiffen, hörten wir sie oft schon antworten, während sie noch durch den Wald auf uns zu rannte. Es klang manchmal beinahe wie ein hektisches: »Wartet auf mich, ich komme ja schon!«

Spaziergänge mit einem Fuchs

Klaus und ich genossen die regelmäßigen Besuche bei Sophie sehr. Fast immer wartete sie bereits an unserem »Rendezvous-Platz«, der Wegbiegung mit der großen Holzbeige, auf uns oder kam spätestens nach ein paar Pfiffen angeflitzt. Manchmal erschien sie jedoch gar nicht. Dann fragten wir uns, wo sie wohl stecken könnte, warum sie nicht kam und ob es ihr gut ging. Besonders an diesen Tagen wuchs in Klaus und mir der Wunsch, mehr von ihrem Leben zu erfahren. Wir wollten wissen, wie Sophies Alltag aussah, wo sie schlief, was sie fraß und ob sie Kontakt mit anderen Füchsen hatte.

Gemeinsam erkundeten wir auf unseren Spaziergängen Sophies Revier. Nicht immer konnten wir Zweibeiner mit ihr Schritt halten. Doch Sophie lernte schnell, sich unserem Tempo anzupassen.

Deshalb begannen wir, kleine Ausflüge mit ihr zu unternehmen. Wir trafen uns weiterhin an unserem Rendezvous-Platz und spazierten anschließend los in den Wald hinein. Oft nahmen wir kleine Trampelpfade oder gingen einfach querfeldein. Große Waldwege mieden wir. Sophie begleitete uns sofort begeistert. Allerdings musste sie sich zunächst an unser langsames Tempo gewöhnen. Anfangs schoss sie in wildem Galopp voraus. Sie rannte schnell und grazil durchs Unterholz, sprang über am Boden liegende Baumstämme und verschwand aus unserer Sicht. Kurz darauf kam sie zurückgerannt, gerade so weit, dass sie uns wieder sehen konnte, und hatte einen Ausdruck in den Augen, als wollte sie sagen: »Wo bleibt ihr denn bloß?« Doch so sehr wir uns auch bemühten, ihr zu folgen – wir waren einfach zu langsam.

Wohin unsere Spaziergänge uns führten, bestimmte die ersten Male Sophie, indem sie loslief und wir ihr folgten. Später war es auch möglich, dass wir grob die Richtung vorgaben und sie sich uns anschloss.

Sophies Welt

Sophie zeigte uns viele Dinge im Wald, die wir ohne sie niemals wahrgenommen hätten. Auf unseren gemeinsamen Spaziergängen erhielten wir Einblicke in ihre »füchsische« Welt.

An einem sehr heißen Tag, hatte Sophie es auf dem Rückweg unseres Spaziergangs plötzlich sehr eilig. Sie bog von unserem Trampelpfad ab und verschwand in einer kleinen Senke. Klaus und ich folgten ihr und hatten Mühe, sie nicht aus den Augen zu verlieren. Wir fanden sie schließlich inmitten der Senke. Dort stand sie an einer Quelle und trank gierig das kühle klare Wasser. Obwohl Klaus sein Revier sehr genau kannte, war ihm diese Quelle neu. Es stellte sich heraus, dass sie selbst bei größter Trockenheit immer noch etwas Wasser führte.

Ein andermal interessierte Sophie sich sehr für eine kleine Douglasiendickung. Besonders ein bestimmtes Bäumchen hatte es ihr angetan und wurde akribisch von ihr beschnuppert. Bei näherem Hinsehen entdeckten wir, dass die

Mit ihrer feinen Nase nehmen Füchse viele Dinge wahr, die uns Menschen verborgen bleiben. Sophie ließ uns Einblick in ihre Welt nehmen und zeigte uns Stellen, an denen Füchse und andere Waldbewohner Duftmarken zur Kommunikation hinterlassen hatten.

Fuchsohren sind wie große Schalltrichter geformt und können unabhängig voneinander um 100 Grad gedreht werden und Frequenzen bis 65 Kilohertz wahrnehmen.

Rinde des Bäumchens abgerieben war. Ein Rehbock hatte sein Gehörn daran gescheuert und seine Duftmarke hinterlassen. Wie wichtig für Füchse die Welt der Gerüche ist, zeigte Sophie uns auch anhand weiterer Beispiele.

Füchse setzen ihren Kot und Harn zur Markierung ihres Territoriums ein. Das tun sie gerne an exponierter Stelle, zum Beispiel auf Grenzsteinen, Baumstümpfen oder mitten auf dem Weg. Duftsignale haben den Vorteil, dass sie selbst in stockdunkler Nacht zu »lesen« sind, überall ausgebracht werden können und über einen längeren Zeitraum wirksam bleiben. Einige dieser Markierungen sind für uns Menschen mit dem bloßen Auge ersichtlich, doch viele zeigte uns Sophie mit ihrer guten Nase. Wir waren erstaunt, wie viele Markierungen sie entdeckte. Sie erhielt dadurch Informationen über Geschlecht und soziale Stellung des Verursachers.

Aus Kotmarkierungen, die Sophie aufstöberte, erfuhren wir, welche Tiere auf dem Speisezettel des Fuchses gestanden hatten. Unverdautes Fell von Nagetieren bildete Haarzwirbel, Flügeldecken von Käfern leuchteten glänzend metallisch, Beerenkerne verrieten vegetarische Kost. Sehr interessiert war Sophie auch an einem Haufen Ringeltaubenfedern, den sie auf einem Baumstumpf entdeckte. Dort war der Vogel gerupft worden. Anhand der intakten Federkiele konnten wir erkennen, dass die Taube einem Greifvogel, vermutlich einem Habicht, zum Opfer gefallen war. Hätte ein Fuchs oder Marder die Taube gefressen, wären die Federkiele nicht säuberlich herausgerupft, sondern abgebissen und angekaut gewesen.

Fuchsalltag

Nach einem Regenfall hatten sich die Pfützen und Bäche im Revier wieder gefüllt. Gierig trank Sophie das kühle Nass.

Gemeinsame Ausflüge mit Sophie

Aus fotografischer Sicht liebte Klaus gerade die Tage im Wald, an denen ich es mir am liebsten Zuhause gemütlich gemacht hätte. Wenn die Nebelschleier zwischen den Bäumen hingen, eine düstere Stimmung herrschte und selbst im dichten Bestand der Regen von den Blättern tropfte, war er in seinem Element.

Ein Tag im Regen

An einem solchen Tag fuhren wir wieder einmal zu Sophie in den Wald. Nach einigen Pfiffen erklang das bekannte Keckern aus dem Dickicht und kurz darauf erschien unsere Füchsin. Sie begrüßte uns wie üblich mit wedelndem Schwanz und quietschendem Geschrei. Ihr Fell war trotz des starken Regens nicht nass. Sie hatte wohl einen trockenen Unterschlupf gefunden. Wir zogen unsere Regenkleidung an, luden die Kamera aus dem Jeep und schulterten das Fotoequipment. Dann spazierten wir los. Sophie folgte uns.

Wir nahmen einen Trampelpfad in einen dunklen Douglasienbestand hinein. Klaus blieb immer wieder stehen und schwärmte von der schönen, geheimnisvollen Stimmung im Wald. Er hatte bereits mehrere Motive im Kopf und war begeistert. Mir hingegen tropfte der Regen in den Nacken und meine Finger wurden klamm. Sophie begleitete uns wie immer, schien aber nicht zu verstehen, warum wir bei diesem Mistwetter nicht ein trockenes Fleckchen auf-

Obwohl ihr wasserabweisendes Fell Sophie vor dem Regen schützte, wartete sie lieber unter der großen Baumwurzel im Trockenen, bis der Regen nachließ.

suchten. Kaum blieben wir stehen, um ein paar Probeaufnahmen zu machen, stellte sie sich dicht an unsere Füße und benutzte uns als Regenschirm. Nach einiger Zeit begann sie, dabei zu jammern. Dennoch folgte sie uns weiter, und uns gelangen stimmungsvolle Bilder von der Füchsin im verregneten Wald.

Doch irgendwann hatte sie scheinbar genug. Auf einer alten Windwurffläche, auf der viele entwurzelte Bäume kreuz und quer lagen, setzte sie sich unter den Wurzelteller eines umgestürzten Baumes. Von diesem trockenen Platz aus beobachtete sie uns beide, wie wir im Regen standen, fotografierten und dabei immer nasser wurden. Kein Rufen unsererseits konnte sie aus ihrem trockenen Versteck hervorlocken. Da wurde auch Klaus klar, dass es Zeit war, nach Hause zu fahren. Sophie begleitete uns nicht zurück zum Auto, sondern blieb unter ihrem »Regenschirm« sitzen.

Unsichtbare Grenzen

Auf einem unserer Spaziergänge kamen wir an einem Fuchsbau vorbei. Klaus und ich freuten uns sehr über diese Entdeckung – ganz im Gegensatz zu Sophie, die plötzlich schrecklich nervös wurde. Sie lief geduckt und mit angelegten Ohren, ihr Schwanz zuckte wild hin und her. Man sah ihr deutlich an, dass sie sich in der Nähe des Baus nicht wohlfühlte. Sophies Verhalten machte uns deutlich, dass der Bau von Füchsen bewohnt war, die ihr anscheinend nicht wohlgesonnen waren. Vielleicht war sie ihnen schon einmal begegnet und hatte sogar einen Streit mit ihnen ausgetragen?

Von einem unserer liebsten Ausflugsziele genossen wir beide den wunderschönen Blick ins Tal. Gewisse Vorlieben teilen Füchse und Menschen.

Sophie hatte uns inzwischen viel über ihre »füchsische« Welt beigebracht: Wir verstanden ihre Körpersprache und Laute, konnten Fressbares von Ungenießbarem unterscheiden und erkannten Spuren, Pfade und Hinterlassenschaften von anderen Wildtieren. Manchmal jedoch schien Sophie Dinge wahrzunehmen, die für uns unerklärlich waren. In der Nähe unseres Rendezvous-Platzes gab es einen schönen Felsen mitten im Wald. Von diesem Aussichtsplatz aus konnte man weit ins Tal blicken. Eine knorrige Eiche und ein paar Ebereschen wuchsen auf dem Felsen und hin und wieder konnte man von dort oben Kolkraben am Himmel kreisen sehen.

Als wir das erste Mal dorthin gingen, blieb Sophie unterwegs plötzlich stehen. Wir versuchten, sie mit Rufen zu locken, doch anstatt weiter mit uns bergauf in Richtung Felsen zu laufen, bog sie ab und verschwand hangparalell im Wald. Klaus und ich setzten unseren Weg ohne sie fort. Am Felsen angekommen, setzten wir uns auf einen Vorsprung, ließen die Beine baumeln und genossen die letzten Sonnenstrahlen des Tages. Plötzlich raschelte es im Gebüsch am Fuße des Felsens. Wir spähten hinunter, und dort unten stand Sophie und blickte zu uns hinauf. Sie war schließlich doch mitgekommen, hatte aber einen anderen Weg gewählt. Sie kletterte zu uns auf den Felsen und machte es sich neben uns gemütlich. Als wir den Heimweg antraten, nahm Sophie abermals ihre Variante des Weges und stieß erst kurz vor dem Auto wieder zu uns. Jedes Mal, wenn wir den Felsen aufsuchten, zeigte sie dieses Verhalten. Es schien so, als ob wir auf unserem Weg eine unsichtbare Grenze überschritten, die sie daran hinderte, uns zu folgen. Vermutlich führte unser Weg durch das Territorium eines anderen Fuchses, mit dem Sophie keine Auseinandersetzung haben wollte.

Sophies Speiseplan

Bei unseren gemeinsamen Spaziergängen konnten wir Sophie dabei beobachten, wie sie die unterschiedlichsten Futterquellen im Wald für sich nutzte. Im Sommer blieb sie oft an Himbeer- oder Brombeersträuchern stehen, streckte vorsichtig die Schnauze in die Zweige, um sich nicht an den Dornen zu piksen, zupfte mit den Schneidezähnen die reifen Beeren vom Strauch und fraß sie. Sie ging dabei sehr geschickt zu Werke. Unreife Beeren ließ sie hängen. Einfacher hatte sie es mit den zahlreichen Walderdbeeren. Hier gab es keine spitzen Dornen zu beachten, dafür wuchsen die Walderdbeeren häufig an Böschungen am Wegesrand, sodass Sophie sich immer erst sorgsam vergewisserte, nicht von einem Spaziergänger beim Naschen gestört zu werden.

Auch Insekten verschmähte Sophie nicht. Besonders in den Abendstunden waren diese zahlreich im hohen Gras am Wegesrand zu finden. Sie schien sich manchmal einen Spaß daraus zu machen, nach Faltern und Motten zu springen und diese aus der Luft zu schnappen. Käfer pirschte sie vorsichtig

Sophies Speiseplan bestand aus pflanzlicher und tierischer Kost. Im Herbst pflückte sie vorsichtig die reifen Beeren von den Sträuchern und suchte im Laub nach Bucheckern.

an, schnappte zu und knackte den harten Panzer wie eine Nuss. Allerdings schienen ihr nicht alle zu schmecken, denn manche spuckte sie angewidert aus und verzog dabei das Gesicht, als hätte sie in eine saure Zitrone gebissen.

An Regentagen grub Sophie in der Erde nach Regenwürmern. Hatte sie einen erwischt, zog sie ihn vorsichtig heraus, ohne dass er dabei entzweiriss. Schmatzend ließ sie ihn sich schmecken. Wir konnten Sophies Vorliebe für Regenwürmer nicht nachempfinden, aber anscheinend gelten sie unter Füchsen als Delikatesse. Auch Dachse, Maulwürfe und viele Vogelarten wissen die nahrhaften Würmer zu schätzen. Diese bestehen zu 60–70 Prozent aus Proteinen, 7–10 Prozent aus Fett und zu 8–20 Prozent aus Kohlehydraten. Studien in Oxford ergaben, dass dort in gewissen Monaten und Territorien über 60 Prozent der von Füchsen aufgenommenen Kalorien von Regenwürmern stammten.

Im Herbst machten wir eine Beobachtung, die auch für uns neu war. Es war ein Mastjahr bei Eiche und Buche, das bedeutet, dass diese Baumarten Früchte tragen, was nicht jedes, sondern nur alle paar Jahre der Fall ist. Viele Tiere wie Rehe, Wildschweine, Eichhörnchen und Mäuse ernähren sich dann von Bucheckern und Eicheln. Eines Tages sahen wir, wie Sophie den Boden unter einer Buche geschäftig absuchte und dabei immer wieder etwas kaute. Wir konnten uns zunächst nicht erklären, was sie fraß. Erst bei genauem Hinsehen erkannten wir, dass sie Bucheckern mit dem Maul aufnahm und zerkaute. Sophie war ein gutes Beispiel dafür, dass Füchse wahre Nahrungsopportunisten sind. Sie wählen jeweils die Nahrung, die für sie in kürzester Zeit und mit geringem Energieaufwand zu erreichen ist.

Ein Geschenk

Die von Füchsen benötigte tägliche Futtermenge wird auf 330–550 g geschätzt. Das entspricht etwa 15–20 Mäusen. Bei Förstern sind Füchse deshalb meist gern gesehen, da sie helfen, die durch Mäuse entstehenden Fraßschäden an der Rinde und den Wurzeln junger Bäume zu mindern.

Auch Sophie ging gerne auf Mäusejagd. Als ich an einem Julitag mit ihr spazieren ging, kam ich in den Genuss eines ganz besonderen Geschenks. Wir waren zusammen im »Buchenmuseum«, einem Waldteil, der seinen Namen den teilweise uralten Buchen verdankt, unterwegs. Sophie lief munter voraus und ich folgte ihr, immer der rot-weißen Rute hinterher. Plötzlich verharrte sie kurz, starrte mit gespitzten Ohren nach vorn und verschwand mit einem Mäuselsprung im Grün am Wegesrand. Kurz darauf tauchte sie mit einer Maus im Maul wieder auf, warf mir diese vor die Füße und blickte mich keck an, als wollte sie sagen: »Hier, schau mal, was ich für dich gefangen habe.« Sie ließ mir jedoch nicht lange Zeit, ihr Geschenk zu bewundern, sondern schnappte sich die Maus wieder und verschwand damit ein paar Meter weiter im Unterholz.

In manchen Gegenden sind neben Mäusen auch Kaninchen Hauptnahrungsquelle von Füchsen. Ausgewachsene Hasen und Rehe fallen Füchsen nur zum Opfer, wenn sie bereits krank oder geschwächt sind. Jungtiere hingegen werden häufiger zur Beute der Füchse. Finden Füchse zufällig Wildgeflügel oder dessen Gelege, fressen sie auch dieses. Aas, zum Beispiel in Form überfahrener Tiere am Straßenrand, spielt besonders in den Wintermonaten eine wichtige Rolle in der Ernährung der Füchse. Im Sommer sind reife Beeren und Obst Kohlehydratquellen, die zur Bildung von Fettreserven für den Winter beitragen.

Durch sein breites Nahrungsspektrum ergeben sich viele Vorteile für den Fuchs. Es ermöglicht ihm ein weites Verbreitungsgebiet mit gleichzeitig geringem Raumanspruch. Ebenfalls wird dadurch das Risiko, durch Hungertod zu sterben, verringert. Wissenschaftlich untersucht wird das Nahrungsspektrum von Füchsen anhand von Kotproben oder Mageninhaltsanalysen geschossener Füchse. Die Ergebnisse sind jedoch von Land, Region, Jahreszeit, Erlegungszeit und jeweiligem Nahrungsangebot beeinflusst. Bei vielen Analysen der Mageninhalte fand man nur geringe Nahrungsmengen, obwohl das Nahrungsangebot ausreichend war. Der Grund dafür ist wahrscheinlich das Ernährungsverhalten des Fuchses: Wie eine Naschkatze nimmt er mal hier und mal da einen Happen zu sich. Richtig voll schlägt sich ein Fuchs den Bauch nur, wenn er sehr hungrig ist.

Vorsorge für schlechte Zeiten

Nicht immer fraß Sophie ihre Beute sofort. Manchmal rannte sie damit davon, um sie für schlechte Zeiten zu verstecken. Sie grub dazu mit den Vorderpfoten ein kleines Loch in die Erde und legte sie hinein. Dann schob sie mit dem Nasenrücken Erde, Gras und Blätter darüber, bis das Versteck mit der Umgebung verschmolz und nicht mehr als solches zu erkennen war. Einmal war sie etwas nachlässig beim Verstecken und ich konnte ihren »Schatz« wieder ausgraben. Da sie mich dabei beobachtete, lernte sie, ihre Verstecke besser zu tarnen. Sie achtete nun auch stets darauf, beim Vergraben der Beute nicht von uns beobachtet zu werden.

Tierische Nahrung von Füchsen besteht vor allem aus Mäusen, Regenwürmern und Insekten. 15–20 Mäuse frisst ein Fuchs pro Tag.

Die gute Tarnung der Verstecke sollte aber nicht nur uns vom Plündern abhalten. Verstecke, die nur mit Erde bedeckt sind, werden schneller von Vögeln gefunden, als solche, die mit Erde und Blättern bedeckt sind. Nur Blätter zur Abdeckung reichen auch nicht aus, da die Beute sonst von Tieren mit gutem Geruchssinn, wie Mäusen, gefunden wird. Das Verstecken von

Sophie hatte das Fell eines erlegten Rehs entdeckt und brachte ihre Beute schnell in Sicherheit, um sie in Ruhe fressen zu können.

Beute ist typisch für Füchse. Sie sorgen so für schlechte Zeiten vor. Ein englischer Forscher hat herausgefunden, dass Füchse ihre eigenen Verstecke fast immer wiederfinden, fremde jedoch eher selten. Sicherheitshalber legen sie dennoch mehrere kleine Verstecke an anstatt einen großen Vorratshaufen. So bleibt die Wahrscheinlichkeit höher, dass zumindest ein Versteck unentdeckt bleibt.

Ein Festmahl

Eines Tages hatten wir eine besondere Leckerei für Sophie dabei: Klaus hatte ein Reh geschossen und wir brachten Sophie die Innereien. Als wir den Eimer mit dem sogenannten Aufbruch aus dem Auto luden und Sophie den Geruch wahrnahm, begann sie sofort, aufgeregt neben uns her zu hüpfen. Wir gingen ein Stück in den Wald hinein. Im Gehen schnappte sie immer wieder nach dem Eimer und versuchte, etwas herauszuziehen. Ich musste aufpassen, nicht über sie zu stolpern, und meine Finger vor ihren spitzen Zähnen schützen. Endlich waren wir so weit vom Weg entfernt, dass wir Sophie ihr Festmahl überreichen konnten. Kaum hatte ich den Eimer ausgeleert, schnappte sich Sophie das erste Stück Fleisch, das sie zu fassen bekam, und zerrte wild daran. Ganz nach Fuchsart wollte sie ihre Beute sichern und davontragen, aber die Innereien hingen alle zusammen und waren zu unhandlich und zu schwer für sie. Also begann sie einen Teil mit den Zähnen abzukauen.

Klaus hielt das Festmahl mit seiner Fotokamera fest. Sophie ließ sich dadurch zunächst nicht stören. Aber als er sich ihr auf allen Vieren kriechend näherte, um eine Nahaufnahme zu machen, knurrte Sophie ihn an. Bisher hatte sie uns gegenüber noch nie aggressiv reagiert, doch hier zeigte sie uns deutlich, dass sie die Beute als die ihre betrachtete und nicht mit uns teilen wollte. Klaus zog sich daraufhin einige Meter zurück und ließ Sophie weiter die Innereien bearbeiten.

Sophie hatte am Straßenrand ein überfahrenes Reh gefunden und freute sich über das Festmahl. Ausgewachsene Rehe fallen Füchsen ansonsten nur zum Opfer, wenn sie bereits krank oder geschwächt sind.

Um ein Stück herauszutrennen, hielt sie den Aufbruch mit den Vorderpfoten am Boden fest und zerrte mit dem Maul daran. Hatte sie es geschafft, rannte sie ein Stück mit der Beute davon, um diese zu verstecken, und kehrte dann schnell zum Aufbruch zurück. Es schien, als hätte sie Angst, dass in der Zwischenzeit ein anderer ihre Beute finden und fressen könnte. Erst als nichts mehr übrig war, beruhigte sie sich, setzte sich neben uns und begann, sich das Blut aus dem Fell zu lecken.

Schlafgewohnheiten

Füchse sind hauptsächlich nacht- beziehungsweise dämmerungsaktiv. Neben der Nahrungssuche sind sie damit beschäftigt, ihr Revier zu kontrollieren und zu markieren. Die nächtliche Hauptaktivität ist von mehreren Ruhephasen unterbrochen.

Eine ungewöhnliche Wohngemeinschaft

Während der Paarungszeit dient der Fuchsbau häufig als Treffpunkt für Fähe und Rüde. Die Fuchswelpen werden im Schutz des Baus geboren und verbleiben die ersten Wochen darin. Ansonsten schlafen Füchse häufiger oberirdisch als im Bau.

Sophie bevorzugte Ruheplätze, die ihr ausreichend Deckung boten, um sich sicher zu fühlen, aber auch ausreichend freie Sicht auf die Umgebung. Im Gegensatz zum weitverbreiteten Glauben schlafen Füchse nur selten unter Tage. Meistens wählen sie oberirdische Schlafplätze. Der Bau dient nur zur Paarungs- und Jungenaufzuchtzeit und bei sehr schlechtem Wetter als Zufluchtsort.

Füchse graben sich ihre Baue nicht immer selbst, sondern ziehen gerne in bereits vorhandene Dachsbaue. Sie bilden eine Art Wohngemeinschaft mit

den Dachsen: gemeinsame Wohnung, aber getrennte Schlafzimmer und Eingänge. Berichten zufolge teilen sich Füchse sogar manchmal einen Bau mit Kaninchen. Innerhalb des Baus herrscht eine Art »Burgfrieden«, aber außerhalb des Baus muss sich das Kaninchen in Acht nehmen. Die gemeinschaftliche Nutzung von Bauen durch Fuchs und Dachs brachte Letzteren in den 1960er- und 70er-Jahren in starke Bedrängnis. Im Zuge der Tollwutbekämpfung war es damals üblich, Fuchsbaue zu vergasen. Dabei starben allerdings häufig unbeabsichtigt Dachse, die auch tagsüber im Bau ruhen. Die Tollwut konnte durch die Begasung nicht ausgerottet werden, sondern erst mit dem Einsatz von Impfködern. Heute gilt Deutschland als tollwutfrei.

Vollstes Vertrauen

Mit Sophie trafen wir uns immer tagsüber. Was sie nachts erlebte, blieb für uns ein Geheimnis. Als Klaus sie einmal besuchte, schien sie eine sehr anstrengende Nacht hinter sich zu haben. Sie wollte Klaus nicht recht bei einem Spaziergang begleiten, sondern rollte sich lieber auf einer Felsnase in der Nähe des Rendezvous-Platzes zusammen. Es war ein sonniger Sonntagmorgen, der viele Besucher in den Wald gelockt hatte. Sophie legte immer wieder den Kopf auf die Vorderpfoten und schloss die Augen. Doch sobald sich ein Spaziergänger oder Mountainbiker auf dem Weg näherte, spitzte sie die Ohren und riss die Augen wieder auf. War die vermeintliche Gefahr vorüber, ließ sie den Kopf wieder sinken. Doch die Waldbesucher ließen Sophie keine Ruhe. Kaum war einer verschwunden und sie hatte es sich eben wieder gemütlich gemacht, tauchte der nächste auf. Klaus setzte sich hin und beobachtete still ihre Versuche, endlich zur Ruhe zu kommen. Sophie schien zu merken, dass Klaus neben ihr Wache hielt. Sie blinzelte ihn noch ein paarmal an, schob die Schnauze unter den Schwanz und schloss die Augen. Klaus nahm an, sie würde nur dösen, da hörte er, wie Sophie ein leise rasselndes Geräusch von sich gab – sie schnarchte! Sophie hatte solch ein Vertrauen zu ihm, dass sie am helllichten Tag neben ihm einschlief. Sie zuckte im Traum mit den Pfoten und Lefzen. Klaus fiel ein Zitat von Fritz Pölkin, einem berühmten Naturfotografen, ein: »Es gibt kein größeres Kompliment für einen Naturfotografen, als wenn Tiere vor ihm einschlafen.«

Sophies Hobbys

Obwohl Füchse biologisch betrachtet zur Familie der Hunde (Canidae) gehören, ähneln ihre Lebensweise und ihr Verhalten in vielen Bereichen eher denen von Katzen. Die meisten Hunde sind Lauftiere, die in einem sozialen Verband größere Beutetiere hetzend angreifen. Füchse hingegen geben sich mit kleinerer Beute zufrieden, der sie als Solojäger nachstellen. Sie erschleichen und erlauern ihre Beute wie Katzen. Eine weitere Ähnlichkeit sind die teilweise einziehbaren Vorderkrallen. Mit ihnen erklimmen Füchse zum Beispiel schräg stehende Bäume problemlos.

Die Kletterkünstlerin

Sophie war eine begeisterte Kletterin. Kamen wir bei unseren Spaziergängen an umgestürzten Bäumen vorbei, sprang sie oft auf den Stamm und balancierte darauf entlang. Anfangs stellte sie sich etwas ungeschickt an und stürzte das eine oder andere Mal ab, doch mit der Zeit wurde sie immer geübter.

Auch wenn sie anfangs hin und wieder abstürzte, wurde Sophie mit der Zeit eine ausgezeichnete und erfahrene Kletterin.

Sophie hatte es geschafft, eine Schachtel Zigaretten zu stibitzen, die mir aus der Hosentasche gefallen war. Verspielt brachte sie ihre »Beute« in Sicherheit.

Die Diebin

Neben der Kletterei hatte Sophie viel Spaß dabei, uns zu bestehlen. Wir hatten nach kurzer Zeit gelernt, besonders auf unsere Handys, Schlüsselbunde und das Fotoequipment achtzugeben und alle Reißverschlüsse des Fotorucksacks immer gut geschlossen zu halten, wenn er am Boden stand. Dennoch war es Sophie gelungen, einen Objektivdeckel, eine Speicherkarte und ein Kabel zu stibitzen. Glücklicherweise fanden wir diese Beute wieder, da Sophie sie bereits nach kurzer Flucht fallen ließ oder den Fehler machte, sie in Sichtweite von uns zu verstecken. Doch nicht nur wir lernten dazu, sondern auch Sophie. Es gelang ihr zwar immer seltener, uns etwas zu entwenden, aber wenn sie es schaffte, flüchtete sie damit Hals über Kopf, um ihre Beute weit weg von uns zu verstecken, ohne dass wir sie dabei beobachten konnten. So »verloren« wir im Laufe der Zeit einen Beutel mit Leckerli, eine Packung Taschentücher, eine Schachtel Zigaretten und ein Notizbuch.

Das »diebische« Verhalten scheint allen Füchsen gemein zu sein. Besonders Jungfüchse lieben es, menschliche Dinge zu stibitzen, um damit zu spielen. Vor einigen Jahren machte eine Füchsin aus Rheinland-Pfalz Schlagzeilen mit ihrer ausgesprochenen Vorliebe für Schuhe. Die Bewohner des Ortes hatten sich bereits gefragt, wohin all ihre Gummistiefel, Garten- und Turnschuhe aus Hauseingängen und von Terrassen verschwunden waren. Das Rätsel löste schließlich ein Förster, der bei Fällarbeiten auf einen Fuchsbau stieß. Davor und darin kamen über 100 Schuhe zum Vorschein. Ob die Füchsin alleinige Täterin oder gemeinsam mit ihren Jungen für die geklauten Schuhe verantwortlich war, blieb unklar.

Sorge um Sophie

Hin und wieder kam es vor, dass Sophie nicht zu unseren Treffen am Rendezvous-Platz erschien. Selten jedoch blieb sie länger als einen Tag weg. Wenn wir sie morgens nicht antrafen, fuhren wir in der Abenddämmerung noch einmal hinaus, und wenn sie abends nicht kam, so führte uns morgens unser erster Weg zu ihr.

Versetzt

Wenn Sophie uns »versetzte«, empfanden wir die unterschiedlichsten Gefühle. Die erwartungsfrohe Anspannung wich vor allem bei Klaus manchmal regelrechter Wut, da er sich sitzen gelassen fühlte. Aber die Wut hielt selten lange an, sondern wandelte sich schnell in Sorge. War ihr womöglich etwas zugestoßen? War sie vielleicht von einem Jäger erschossen oder überfahren worden? Oder hatte sie sich bei der Jagd oder im Streit mit einem anderen Fuchs verletzt? Wir waren jedes Mal sehr erleichtert, wenn sie nach einem Tag Abwesenheit wieder auftauchte.

Verschwunden

Im August blieb Sophie eine ganze Woche lang verschollen. Klaus und ich machten uns große Sorgen um sie. Wir trafen uns mehrmals täglich an der großen Holzbeige, um nach ihr Ausschau zu halten. So vergingen die Tage, und wir wurden immer unruhiger. Endlich erreichte mich eines frühen Morgens Klaus erlösender Anruf: »Sie ist wieder da!« Selbstverständlich nahm ich auf dem Weg zur Arbeit den Umweg durch den Wald. Es war schon später Vormittag, als ich die Holzbeige erreichte. Trotz dieser untypischen Zeit für einen Besuch kam Sophie sofort schwanzwedelnd herbeigeeilt, und mir fiel ein Stein vom Herzen.

Verletzt

Kurze Zeit später gab uns Sophie erneut Anlass zur Sorge. Schon als sie auf unser Rufen hin angelaufen kam, bemerkten wir, dass etwas nicht stimmte. Anstatt wie sonst in halsbrecherischem Tempo den Abhang auf direktem Weg zu uns hinunterzueilen, lief sie langsamer und nahm einen Umweg. Bei uns angekommen, sahen wir sofort, dass sie stark humpelte. Ihr rechtes Vorderbein setzte sie kaum auf und das Gelenk über der Pfote war stark angeschwollen. Klaus und ich beratschlagten, was wir tun sollten. Mit einem wilden Fuchs konnten wir schließlich nicht einfach zum Tierarzt gehen. Wir beschlossen, erst einmal abzuwarten und die Pfote zu beobachten.

Zwei Tage hatte Sophie zusätzlich zur dicken Pfote auch noch eine offene Wunde an der Flanke. Vermutlich hatte sie eine Auseinandersetzung mit einem anderen Fuchs gehabt. Wir machten uns ernsthafte Sorgen, dass sich die Wunde entzünden könnte. Zum Glück verheilte sie schon nach einigen Tagen. Die dicke Pfote blieb noch länger, aber als Sophie bald schon wieder begann, sie beim Laufen aufzusetzen, wussten wir, dass sie das Schlimmste überstanden hatte.

Als Sophie einmal mehrere Tage verschwunden war, machten wir uns große Sorgen, dass ihr etwas zugestoßen war.

Neugierig untersuchte Sophie Klaus' Fotokamera und entschloss sich, selbst ein paar Probeaufnahmen zu machen.

Sophie, das Fotomodell

Fast immer nahm Klaus seine Fotoausrüstung zu unseren gemeinsamen Spaziergängen mit. Dabei lernte ich, dass der Beruf des Tierfotografen nicht nur romantisch und schön ist, sondern dem Fotografen auch vieles abverlangt. Allem voran Geduld. Wir mussten zwar nicht stundenlang auf der Lauer liegen, bis unser Motiv endlich auftauchte, aber bis ein richtig gutes Bild entstand, dauerte es meistens trotzdem sehr lange.

Schwierigkeiten eines Tierfotografen

Zur Idee eines Bildes wurde Klaus meistens von Sophies Verhalten inspiriert. Plötzlich stand sie auf einem umgefallenen Baumstamm inmitten des bunten Waldes oder setzte sich zum Putzen hin und ein letzter Sonnenstrahl ließ ihr Fell rötlich aufglühen. Doch bevor Klaus seine Kamera gerichtet hatte, war Sophie bereits wieder vom Baumstamm heruntergesprungen oder der Sonnenstrahl war hinter einer Wolke verschwunden.

Manchmal mussten wir tagelang warten, bis das Wetter und das Licht wieder eine bestimmte Stimmung erzeugten. Und dann musste Sophie, unser »Model«, natürlich noch mitspielen. Obwohl sie uns vertraute und auch vor der Kamera keine Angst hatte, war es dennoch nicht leicht, mit ihr zu arbeiten. Wir mussten höllisch auf die Fotoausrüstung achten, da Sophie immer wieder versuchte, Objektivdeckel, Speicherkarten, Kabel und Ähnliches zu klauen. Meine

Aufgabe war die Bewachung der Ausrüstung und die Betreuung unseres Stars. Sophie ließ sich eben nicht dressieren. Sie bestimmte, wobei sie mitmachte und wobei nicht. So war letztendlich auch immer eine große Portion Glück notwendig, um wirklich gute Aufnahmen zu machen.

Mit Mayonnaise geht alles

Mit einem Bild von Sophie und einem Gartenzwerg wollte Klaus das Thema »Füchse in der Stadt« beleuchten. Da wir Sophie schlecht zu Klaus in den Garten bringen konnten, nahmen wir den Zwerg mit in den Wald. Wir dachten, dass dies ein einfaches Bild werden würde: Gartenzwerg hinstellen, Sophie untersucht ihn neugierig, Foto knipsen und fertig. Aber wir hatten die Rechnung ohne Sophie gemacht.

Zunächst lief sie freudig mit uns mit und schielte immer wieder auf den Zwerg in meinem Arm. Doch als wir ihn schließlich an einem schönen grasigen Flecken positionierten, schlug ihre Neugier in Scheu um. Diese Gestalt war ihr

Während unserer »Fotosessions« war es meine Aufgabe, unseren Star zu betreuen. Mit gutem Zureden und manchmal auch Bestechung gelangen uns wunderbare Aufnahmen.

Mit einem Trick gelang es uns, Sophie die Scheu vor dem Gartenzwerg zu nehmen.

nicht geheuer. Lang gestreckt und tief geduckt näherte sie sich bis auf einige Meter und versuchte schnuppernd Witterung aufzunehmen. Sie umkreiste den Zwerg mehrfach, aber von keiner Seite wollte sie sich ihm nähern. Ich versuchte, sie zu locken, aber vergebens. Wir packten den Gartenzwerg wieder ins Auto und fuhren nach Hause.

Am nächsten Tag war Sophie noch nicht mutiger was den Zwerg anbelangte, doch ich hatte mir über Nacht ein Hilfsmittel überlegt und eine Tube Mayonnaise mitgebracht. Ich nahm einen Klecks auf den Finger und hielt ihn Sophie hin. Sofort leckte sie die Mayonnaise ab. Es schmeckte ihr. Ich hielt ihr daraufhin die Tube vor die Nase und ließ sie daran schlecken. So konnte ich sie bis dicht an den Gartenzwerg heranlocken. Schließlich gab ich dem Zwerg ein bisschen Mayo auf die Nase. Sophie zögerte noch kurz, doch die Verlockung war zu groß. Sie überwand ihre Scheu und leckte dem Zwerg das Gesicht ab – und Klaus drückte im richtigen Moment auf den Auslöser. Später stellten wir fest, dass Sophie nicht jede Mayonnaise mochte. Billige Produkte aus dem Discounter lehnte sie ab und bevorzugte das Markenprodukt aus der gelben Tube. Sie war eben ein richtig verwöhntes Model!

Der Fuchskuss

Ein anderes Mal überraschte mich Klaus mit einer besonderen Idee für ein Foto. Er wollte Sophie und mich fotografieren, während ich eine Mütze aus Fuchspelz trug – in ähnlicher Pose wie mit dem Gartenzwerg. Die etwas provozierende Idee mit Pelzmütze und echtem Fuchs gefiel mir, doch beim

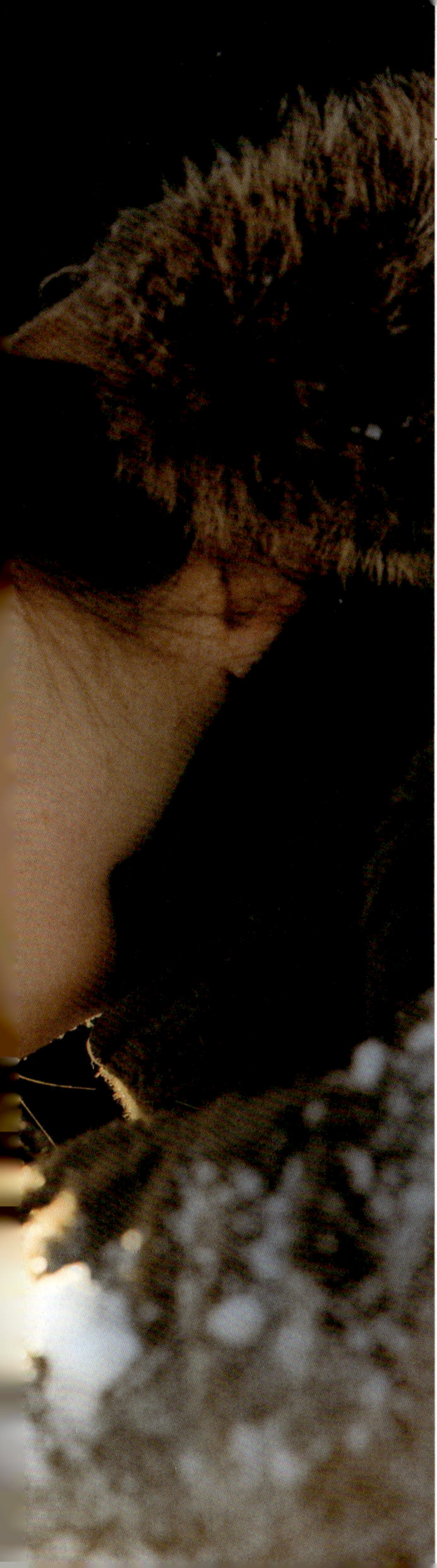

Auge in Auge und Nase an Nase: Es erfordert großes Vertrauen beiderseits, wenn sich Fuchs und Mensch so nahe kommen.

Gedanken daran, dass Sophie mir so nahe kommen sollte, war mir doch etwas mulmig zumute.

Aber da ich ja fast alles mitmachte, legte ich mich bäuchlings auf den Boden und versuchte, Sophie ganz nahe an mein Gesicht zu locken, damit wir uns Auge in Auge betrachten konnten. Sophie wollte aber nicht so recht. Klaus' Vorschlag, mit Mayonnaise nachzuhelfen, begeisterte mich wenig. Sophie war inzwischen so heiß auf Mayonnaise, dass sie sie mir das eine oder andere Mal nicht mehr behutsam vom Finger geleckt, sondern gleich in diesen reingezwickt hatte. Dennoch tupfte ich mir ein bisschen auf den Nasenflügel und legte mich wieder in Position auf den Boden. Wenigstens war die Mayonnaise geruchsarm. Zwischenzeitlich hatten wir auch einmal Sardellenpaste eingesetzt, als uns die Mayonnaise ausgegangen war. Sie war Sophie jedoch zu salzig gewesen, und ich war jetzt froh, mir keine stinkende Fischpaste auf die Nase streichen zu müssen.

Mit der Tube in der Hand lockte ich Sophie an mein Gesicht heran. Vorsichtig näherte sie sich, und ich konnte ihr den Klecks auf meiner Nase zeigen. Mein Herz schlug mir dabei bis zum Hals. Sophies Schnauze kam immer näher und näher … Ich schloss die Augen und betete, dass meine Nase heil bleiben würde. Ich lag wie ein Köder auf dem Boden, das Raubtier mit seinen spitzen Zähnen keine zehn Zentimeter vor meinem Gesicht. Plötzlich spürte ich kurz Sophies Zunge an meiner Nase. Ganz behutsam leckte sie die Mayonnaise ab. Das kitzelte furchtbar. Verzweifelt versuchte ich einen entspannten Gesichtsausdruck zu machen, aber es gelang mir nicht. Ich prustete los. Es war das lustigste Fotoshooting, das wir zusammen hatten.

Von Füchsen und Menschen

An einem neblig-grauen Regentag waren nur wenige Waldbesucher unterwegs. Dennoch blieb der Fuchs wachsam und behielt seine Umgebung genau im Blick.

Reaktionen auf andere Waldbesucher

An schönen, sonnigen Tagen und besonders an Wochenenden und Feiertagen waren in Klaus' Revier immer viele Waldbesucher unterwegs. Alle hundert Meter traf man auf Wanderer, Mountainbiker und Spaziergänger mit und ohne Hund. Wenn wir mit Sophie loszogen, mussten wir uns deshalb abseits der Wege halten, doch auch dort war sie sehr unruhig und sichtlich angespannt. Ständig sicherte sie mit erhobenem Haupt und aufgestellten Ohren in alle Richtungen und war sehr nervös. Dank ihres guten Gehörs nahm sie die Störungen meist schon lange vor uns wahr und verschwand dann kurzerhand im Gehölz. Wir waren einerseits froh, dass Sophie eine normale Scheu gegenüber Menschen beibehalten hatte. Obwohl wir ihr hin und wieder etwas zu fressen mitbrachten, hatte sie keine generelle Verbindung zwischen Nahrung und Menschen hergestellt. Andererseits war es sehr anstrengend an solchen belebten Tagen mit ihr unterwegs zu sein. Für Sophie waren die Waldbesucher Störenfriede, die in ihr Revier eindrangen und sie dazu zwangen, sich zurückzuziehen. Deutlich entspannter war Sophie an Werktagen oder bei schlechtem Wetter, wenn weniger Besucher im Wald waren.

Stress im Wald

Leider waren die schmalen, kurvenreichen Trampelpfade, auf die wir uns an belebten Tagen zurückzogen, besonders bei Mountainbikern sehr beliebt. Wenn sie fast lautlos heranpreschten, erschrak Sophie sehr, da selbst sie die Sportler erst in letzter Sekunde wahrnahm. Große Wandergruppen, die sich lautstark unterhielten, waren hingegen schon früh zu hören und wir konnten in aller Ruhe ausweichen.

Der Motorsägenlärm der Waldarbeiter stört viele Wildtiere kaum. Er ist für sie berechenbar, und sie haben gelernt, dass er keine Gefahr bedeutet.

An Sophies Reaktionen konnten wir gut beobachten, dass vorhersehbare, gleichbleibende Störungen Wildtiere weit weniger erschrecken und zur Flucht veranlassen als unberechenbare, plötzlich auftretende Ereignisse. Wanderer, Spaziergänger oder Langläufer, die stets dieselben Wege benutzen und sich dabei vielleicht auch noch unterhalten und so von Weitem zu hören sind, erscheinen den Tieren nicht als Gefahr. Auch laute Geräusche wie Motorsägenlärm oder Holzrückemaschinen sind für die Tiere im Wald alltäglich und keine Bedrohung. Auf Menschen aber, die querfeldein laufen, wie zum Beispiel Pilzsammler, Geocacher, Schneeschuhgänger oder Jäger, können sich die

Von seinem Ruheplatz mit Aussicht hatte der Fuchs den nahen Wanderweg stets im Auge. Er konnte mögliche Gefahren rechtzeitig erkennen und bei Bedarf fliehen.

Tiere nicht vorbereiten. Diese tauchen zu unterschiedlichen Zeiten an unterschiedlichen Orten auf.

Besonders im Winter können diese Störungen kritisch werden. Wenn Wildtiere gezwungen sind, häufiger zu sichern, haben sie nicht genug Zeit, um Nahrung aufzunehmen. Dabei ist die Futtermenge, die sie im Winter finden, sowieso schon geringer als zu den anderen Jahreszeiten. Viele Wildtiere passen sich deshalb dem Winter mit Winterschlaf und Winterruhe an. Werden sie dann beim Fressen oder Ruhen gestört und müssen flüchten, verbrauchen sie wertvolle Energie, die ihnen im weiteren Verlauf des Winters fehlt. Deshalb sollte man besonders im Winter Rücksicht auf Wildtiere nehmen und sich an ausgewiesene Wanderwege und Schneeschuhtrails halten.

Von einem ihrer Lieblingsruheplätze, einer moosbewachsenen Felsnase, hatte Sophie eine gute Sicht auf den nahen Waldweg. Gingen dort Spaziergänger in gleichmäßigem Tempo vorbei und verließen den Weg nicht, blieb sie ruhig und entspannt in ihrem Versteck liegen, beobachtete aufmerksam und verfolgte mit den Ohren das Geschehen. Einmal jedoch blieben zwei Wanderer genau unterhalb ihres Verstecks stehen und studierten ihre Wanderkarte. Das war neu für Sophie. Durch das Anhalten fühlte sie sich entdeckt und die eigentlich harmlosen Wanderer erschienen ihr gefährlich. Sie verließ ihren Aussichtsplatz und verbarg sich tiefer im Gebüsch. Es dauerte eine Weile, bis sie zurückkam. Ähnlich verstört reagierte Sophie, als wir während eines Spaziergangs mitten im Wald auf ein Zelt stießen. Ein Obdachloser hatte sich dort niedergelassen. Das Zelt und der menschliche Geruch an dieser untypischen

Sehen, ohne selbst gesehen zu werden, lautet das Motto. Viele Wildtiere bemerken mit ihren feinen Sinnen unsere Anwesenheit lange, bevor wir sie entdecken.

Stelle mitten im Wald verunsicherten Sophie sehr. Nervös zuckte ihr Schwanz hin und her, sie sah sich aufmerksam um und entschied, sich lieber zurückzuziehen und uns nicht weiter zu begleiten.

Familienbesuch

Von der besonderen Freundschaft zu Sophie hatte ich natürlich inzwischen auch meiner Familie erzählt. Sie war begeistert von meinen Erlebnissen und wollte die Füchsin kennenlernen. Ich war zunächst skeptisch, konnte aber ihren Wunsch verstehen, und so machten meine Eltern und ich uns an einem Sonntagmorgen zu einem Spaziergang zu Sophie auf. Anders als üblich fuhren wir nicht mit dem Auto bis zum Rendezvous-Platz, sondern kamen wie gewöhnliche Waldbesucher zu Fuß. Ich hatte meine Eltern gebeten, in einiger Entfernung von der Holzbeige auf dem Weg zu warten, damit Sophie nicht »überrumpelt« wurde. Obwohl es nicht unsere übliche Zeit für ein Treffen war, erschien Sophie auf meinen Pfiff und begrüßte mich freundlich. Dann aber bemerkte sie meine Eltern, und ihr Verhalten änderte sich abrupt. Sie sicherte kurz in deren Richtung und verschwand dann blitzschnell im Wald.

Mehrmals rief ich Sophie. Ich war mir sicher, dass sie uns aus sicherer Entfernung beobachtete. Aber sie kam nicht mehr. Auf dem Rückweg fühlte ich einerseits Enttäuschung, dass ich niemanden außer Klaus an unserer wunderbaren Freundschaft teilhaben lassen konnte. Andererseits hatte mir Sophies Verhalten gezeigt, dass sie trotz unserer engen Beziehung nicht ihre generelle Scheu gegenüber den Menschen verloren hatte. Das war für uns enorm wichtig, da diese letztendlich ihrem eigenen Schutz diente.

Sobald Sophie das Motorengeräusch von Klaus' Auto hörte, machte sie sich auf den Weg zu unserem Rendezvous-Platz.

Das Problem mit dem Leihwagen

Sophie erkannte inzwischen das Motorengeräusch von Klaus' Jeep und meinem Auto genau. Kaum waren wir an unserer Holzbeige angekommen, stand sie schon freudig erregt da. Manchmal, wenn ich allein mit ihr unterwegs war, machte sie plötzlich kehrt und rannte mit voller Geschwindigkeit zurück zum Rendezvous-Platz. Als dies das erste Mal geschah, konnte ich mir keinen Reim darauf machen. Erst als ich kurz darauf das Röhren des Jeepmotors hörte, wusste ich, warum Sophie zurückeilte. Sie hatte mit ihrem feinen Gehör lange vor mir wahrgenommen, dass Klaus ebenfalls auf dem Weg zu ihr war.

Füchse können ihre großen Ohren um 100 Grad von vorn nach hinten drehen. Das hilft ihnen, die Herkunft eines Geräuschs besser zu orten. Sie nehmen sogar Regenwürmer, die sich unter der Erdoberfläche bewegen, wahr und hören Mäuse durch eine dicke Schneedecke piepsen.

Als Klaus eines Tages nicht mit seinem Jeep zu Sophie fuhr, sondern mit einem Leihwagen, weil sein Jeep in der Werkstatt war, kam Sophie nicht sofort. Das Motorengeräusch des Leihwagens war fremd für sie. Erst als Klaus mehrere Male gerufen und gepfiffen hatte, ließ sie sich blicken. Für Sophie klangen der Jeep und mein Auto einzigartig und nur die Geräusche dieser beiden Autos ließen sie sicher sein, dass wir es waren, die zu Besuch kamen. Aus Sophies Sicht waren menschliche Besucher im Wald ein Grund zur Freude, insofern es sich um Klaus und mich handelte. Andere Waldbesucher ignorierte sie weitgehend. Doch konnten sie zum Problem für Sophie werden, wenn sie sie als Bedrohung empfand.

Der Fuchs und die Hühner

Umgekehrt musste auch Klaus die bittere Erfahrung machen, dass Füchse zum Problem werden können. Geprägt durch die vielen wunderschönen Erlebnisse, die wir mit Sophie teilten, war er begeistert von Füchsen und sah nur noch deren Klugheit und Schönheit – doch leider kam er auch mit anderen Seiten in Berührung.

Unsere Freundschaft zu Sophie wurde immer stärker und ihr Vertrauen zu uns immer größer. Völlig entspannt ruhte sie sich neben uns aus, und wir genossen zusammen die letzten Strahlen der Herbstsonne.

Die rothaarige Geliebte

Unsere Freundschaft zu Sophie wurde mit der Zeit immer inniger. Mit ihr zusammen durch den Wald zu streifen, war einmalig. Sie hatte uns vollkommen in ihren Bann gezogen. Klaus nannte sie manchmal sogar seine »rothaarige Geliebte«.

Besonders in der Zeit der Jungenaufzucht bedienen sich Füchse gerne an Hausgeflügel oder Stallkaninchen. Beides ist leicht zu erbeuten und macht viele hungrige Mäuler satt.

Dieser Kosename führte eines Tages zu einem kleinen Missverständnis. An einem regnerischen, nebligen Tag wollte Klaus lieber in den Wald fahren, um das Wetter zum Fotografieren zu nutzen, als mit seiner Frau und deren Mutter Kaffee zu trinken. Seine Schwiegermutter glaubte ihren Ohren nicht zu trauen, als Klaus seine Frau Christiane fragte, ob sie etwas dagegen hätte, wenn er noch zu seiner »rothaarigen Geliebten« fahren würde und diese verneinte und ihm viel Spaß wünschte. Zum Glück klärte Christiane ihre Mutter über die »rothaarige Geliebte« auf, während Klaus seinen Fotorucksack ins Auto lud und losfuhr.

Hühnerdiebe

Nicht immer war Christiane so verständnisvoll, wenn es um die Beziehung zwischen Klaus und Sophie ging. Schließlich verbrachte er jede freie Minute bei der Füchsin im Wald. Doch nicht allein seine Abwesenheit stellte die Beziehung zu seiner Frau auf die Probe.

Tagsüber durften Christianes Hühner und Gänse auf dem Gelände des Forsthauses frei herumlaufen. Auf der einen Seite des Geländes zieht sich die Schafweide bis an den Waldrand, auf der anderen wird es durch eine wild bewachsene, kleine Schlucht mit dichten Hecken und Gebüsch begrenzt. Und ausgerechnet in dieser Schlucht hatte eine Fuchsfamilie ihren Bau bezogen. Die Fuchseltern, die für ihre Welpen ausreichend Futter heranbringen mussten, hatten erkannt, dass es in der Nähe einen großen Vorrat gab: Christianes Hühner, Küken und Gänse waren eine leichte Beute.

In der Zeit der Jungenaufzucht bevorzugen Füchse größere Beute als die üblichen Mäuse. Hausgeflügel oder Stallkaninchen sind dann schnell in Gefahr, denn sie sind ohne großen Energieaufwand zu erbeuten. Für den Eigenbedarf sind Mäuse günstiger. Sie können sofort heruntergeschluckt werden, Hühner hingegen müssen erst noch gerupft und verbleibende Reste versteckt werden. Aber es braucht eine Menge Mäuse, um einen Wurf hungriger Fuchswelpen satt zu machen.

So fielen auch einige Tiere der Echles den Füchsen zum Opfer. Besonders ärgerlich war es, wenn eine Mutterhenne ihr Leben lassen musste. Die führungslosen Küken hatten ohne ihre Mutter kaum eine Chance zu überleben. Als die Füchse so dreist wurden und am helllichten Tag Hühner stahlen, stellte Christiane ihrem Mann ein Ultimatum: »Entweder du stellst jetzt eine Falle auf oder ich mache den Jagdschein.«

In der Falle

Klaus war hin- und hergerissen. Einerseits verband er so viele schöne Erlebnisse mit der Füchsin Sophie im Wald, andererseits konnte er die Wut und den Ärger seiner Frau auf die Füchse aus der Schlucht nachvollziehen. So blieb ihm nichts anderes übrig, als eine Lebendfangfalle neben dem Hühnerstall aufzustellen. Früh am nächsten Morgen kontrollierte er sie, und tatsächlich – ein Jungfuchs saß darin und blickte Klaus mit großen Augen an. Was nun? Klaus brachte es nicht übers Herz, den kleinen Kerl zu erschießen. Zu sehr erinnerte er ihn an Sophie. So öffnete er einfach die Falle und entließ den Jungfuchs wieder in die Freiheit. »Lasst in Zukunft die Pfoten von unseren Hühnern«, rief er ihm ermahnend hinterher.

Schließlich einigten sich Klaus und Christiane darauf, dass die Hühner nur noch Auslauf bekommen würden, wenn jemand zu Hause war und rechtzeitig auf Warnlaute der Gänse reagieren könnte. Hundertprozentige Sicherheit versprach auch das nicht, aber für die Freiheit der Hühner und Gänse musste man eben einen gewissen Schwund akzeptieren.

Der Abschied

In ihrem ersten Winter gab es für Sophie viel Neues zu entdecken. Gut gewärmt durch ihren dichten Pelz war sie bestens für die kalte Jahreszeit ausgerüstet.

Der Winter ist da

Mitte November fiel über Nacht der erste Schnee. Dank Allradantrieb pflügte sich der Jeep ohne Probleme durch etwa 20 Zentimeter Neuschnee. Sophie begrüßte uns aufgeregt. Mir fiel auf, wie dicht und kuschelig ihr Fell in den letzten Monaten geworden war. Durch die längeren Haare wirkte sie gedrungener als im Sommer. Sie hatte sich über den Herbst eine reichliche Schicht Winterspeck als Reserve für schlechte Zeiten angefressen. Sophie war kein sehr hochbeiniger Fuchs und ihr kurzer Rumpf ließ sie nun eher tonnenförmig aussehen. Dennoch war sie für uns der schönste Fuchs im Wald!

Kaum hatte Sophie erkannt, welche Richtung wir einschlugen, sauste sie übermütig voraus. Sie tollte und tobte durch den Schnee wie ein junger Hund. Ihre Lebensfreude war so ansteckend, dass ich begann, sie mit Schneebällen zu bewerfen. Traf ich sie, fuhr sie kurz erschrocken herum und sah sich fragend um. Fiel mein Schneeball vor ihr in den Schnee, tauchte sie mit der Schnauze tief hinein und schüttelte beim Herausziehen wild den Kopf hin und her, um den Schnee wieder loszuwerden. Auf dem Rückweg zum Auto liefen wir ein Stück den Waldweg entlang, auf dem wir hergefahren waren. Geschickt nutzte Sophie die Fahrspuren des Jeeps aus, um darin energiesparend laufen zu können, ohne sich durch den hohen Schnee quälen zu müssen.

Verräterische Spuren

Am nächsten Tag sah es im Wald schon ganz anders aus. Die Schneedecke war kreuz und quer überzogen von Tier- und Menschenspuren. Auf den Wegen konnten wir erkennen, dass Spaziergänger, Mountainbiker und Hundehalter vom Schnee in den Wald gelockt worden waren. Auch mehrere Füchse hatten auf ihrer nächtlichen Futtersuche die Fahrspuren des Autos genutzt wie Sophie. Durch ihren schnürenden Gang hatten sie Pfotenabdrücke hinterlassen, die wie auf einer Perlenschnur aufgereiht hintereinander lagen. Die Fährten führten manchmal Hunderte Meter auf dem Waldweg entlang, bevor sie wieder in den Wald abbogen.

Abseits des Weges fanden wir Fährten von Rehen, Wildschweinen, Mardern und Eichhörnchen. Mithilfe des Schnees konnten wir plötzlich viel besser erkennen, was die Tiere im Wald nachts getan hatten. Einige der Fuchsspuren auf dem Weg endeten an Holzpoltern oder Dohlen. So erkannten wir, dass sich ein Fuchs diesen Ort als Schlafversteck ausgesucht hatte.

Geschickt nutzte Sophie die Fahrspuren, die Klaus' Jeep auf dem Weg hinterlassen hatte. Wäre sie durch den Tiefschnee gelaufen, hätte sie viel mehr Energie verbraucht.

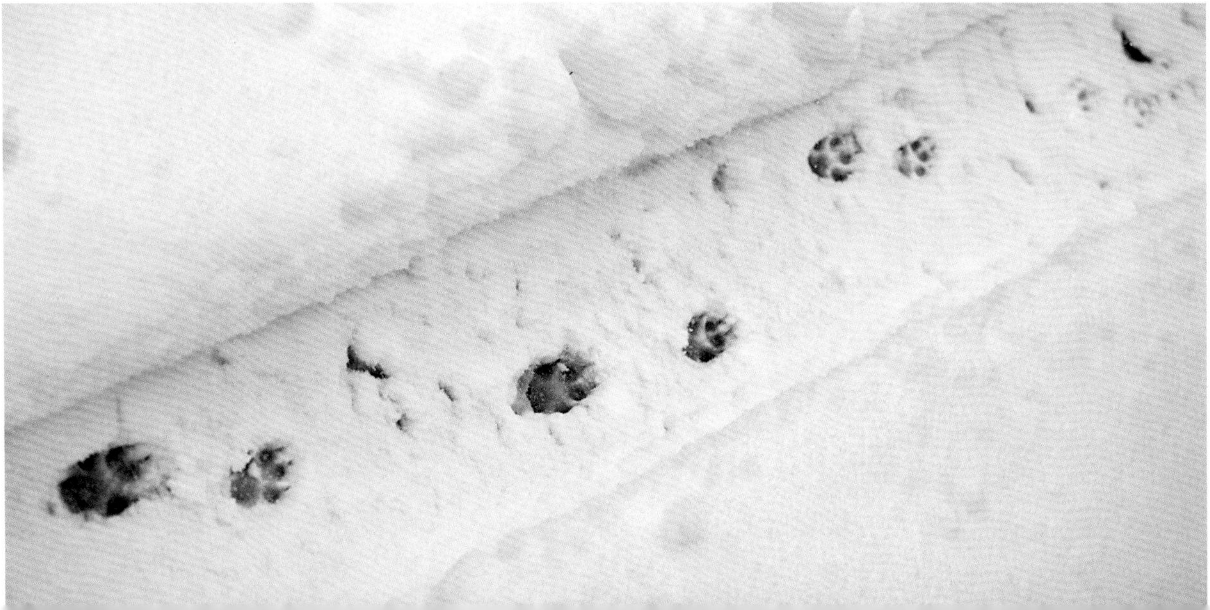

An einem sonnigen Hang fanden wir nebeneinander drei Stellen, an denen der Schnee plattgedrückt war und Kuhlen zu sehen waren. Hier hatte eine Rehgeiß mit ihren zwei Kitzen zum Wiederkäuen geruht und die Sonne genossen. An anderer Stelle verrieten uns die Spuren, dass mehrere Wildschweine auf der Suche nach etwas Fressbarem den Weg gekreuzt hatten. Gleich daneben hatte ein Reh mit den Vorderbeinen gegen die Brombeersträucher geschlagen, um sie vom Schnee zu befreien und fressen zu können. An diesem Tag entdeckten wir noch viele solcher kleiner Details, die uns bisher immer entgangen waren. Wir hatten das Gefühl, dass eine normalerweise für uns unsichtbare Welt plötzlich sichtbar geworden war.

Die Paarungszeit naht

Ab Mitte November änderte sich Sophies Verhalten schlagartig. Es kam immer öfter vor, dass sie nicht an unserem Rendezvous-Platz erschien und wir vergeblich nach ihr riefen und pfiffen. Häufig blieb sie über mehrere Tage verschwunden. Selbst wenn sie uns an der Holzbeige erwartete, verhielt sie sich anders als sonst. Sie wirkte nervös und unsicher. Oft sah sie sich erst um und vergewisserte sich, dass die Luft rein war, bevor sie uns begrüßte. Schon beim kleinsten Geräusch zuckte sie ängstlich zusammen und flüchtete in den Wald. Sie war sichtbar angespannt, als läge irgendetwas in der Luft. Wir ahnten auch, was es war: Sophie war in die Pubertät gekommen.

Mit etwa zehn Monaten werden Füchse geschlechtsreif. Die Paarungszeit beginnt Ende Dezember und dauert bis Mitte Februar. In dieser Zeit kontrollieren die Fuchsrüden die Baue in ihrem Revier auf der Suche nach paarungsbereiten Fähen, die sie an deren Harnmarkierungen erkennen. Haben sie eine gefunden, weichen sie ihr tagelang nicht von der Seite, um die wenigen fruchtbaren Tage nicht zu verpassen. Um die gegenseitige Bindung zu fördern, beknabbern und liebkosen sich die Partner gegenseitig. Doch bevor es zur eigentlichen Paarung kommt, finden oft ritualisierte Kämpfe statt, bei denen manchmal das Fell in Fetzen fliegt.

Verschwunden – was nun?

Am 10. Dezember sahen wir Sophie das letzte Mal. Zunächst dachten wir, sie wäre nur ein paar Tage weg, wie das mittlerweile in immer kürzeren Abständen vorgekommen war. Doch Tag um Tag verging, und Sophie tauchte nicht mehr auf. Mehrmals täglich fuhren wir an unseren Rendezvous-Platz, pfiffen nach ihr und suchten sie. Aber sie kam nicht mehr. Klaus und ich wollten uns nicht mit dem Gedanken anfreunden, dass sie für immer verschwunden war.

Auf der Suche nach Sophie

Hin und wieder sahen wir an der Holzbeige frische Fuchsspuren im Schnee, die uns Hoffnung gaben, dass Sophie doch noch in der Nähe war. Um Gewissheit zu bekommen, ob die Spuren von Sophie waren, installierten wir im Waldstück hinter der Holzbeige eine Fotofalle. Aufgeregt nahmen wir am nächsten Tag die Speicherkarte aus der Kamera, um zu sehen, ob in der Nacht

Anfang Dezember sahen wir Sophie das letzte Mal. Sie blieb von einem Tag auf den anderen spurlos verschwunden.

Bilder gemacht worden waren. Tatsächlich – die Kamera hatte ausgelöst! Aber unsere Enttäuschung war groß, als auf den Bildern nur ein Rehbock zu sehen war. In den nächsten Nächten lieferte uns die Kamera Aufnahmen von weiteren Waldbewohnern: Eichelhäher, Marder, Wildschwein, Gams. Doch kein Bild unserer rothaarigen Geliebten.

Eine Woche später war endlich ein Fuchs auf dem Bild! Doch es wartete nur die nächste Enttäuschung auf uns. Wir konnten anhand des Fotos nicht sicher erkennen, ob es sich bei dem aufgenommenen Fuchs um Sophie handelte oder nicht. Auch die Aufnahmen der nächsten Nächte, die hin und wieder Füchse zeigten, brachten keinen Aufschluss. Entweder war die Bildqualität zu schlecht oder der Fuchs nicht vollständig abgebildet. Wir installierten weitere Fotofallen an Orten, die wir gemeinsam mit Sophie aufgesucht hatten. Aber keine lieferte uns eindeutige Spuren von ihr. Unsere Freundin blieb verschollen.

So vergingen die Wochen. Klaus hatte eigentlich noch Pläne für viele weitere Fotoprojekte mit verschiedenen anderen Tierarten im Kopf. Im letzten halben Jahr hatte sich aber alles nur um Sophie gedreht. Jetzt, da sie verschwunden

Wir gaben die Suche nach Sophie nicht auf. Mithilfe von Fotofallen versuchten wir, Hinweise auf ihren Verbleib zu bekommen.

war, wäre eigentlich Zeit dafür gewesen. Doch er konnte sich nicht aufraffen. Wie ein Künstler, der seine Muse verloren hatte, war er deprimiert und ohne kreative Ideen. Ohne Sophie fehlte ihm seine Inspiration und Freude am Fotografieren. Sein Fotoequipment lag wochenlang unbenutzt im Schrank.

Spekulationen

Mit der Zeit suchten wir den Rendezvous-Platz immer seltener auf. Wir waren uns inzwischen sicher, dass sich Sophie dort nicht mehr aufhielt. Über den Grund ihres Verschwindens spekulierten wir eifrig. Wahrscheinlich hatte es etwas mit ihrem Eintritt in die Geschlechtsreife und dem Beginn der Paarungszeit zu tun. Vielleicht war sie von anderen ortsansässigen Füchsen vertrieben worden, die sie nur geduldet hatten, solange sie ein Jungfuchs gewesen war. Vielleicht hatte sie einen Fuchsrüden gefunden und war mit ihm weitergezogen.

Die meisten Jungfüchse verlassen ihr elterliches Territorium im Herbst oder zu Beginn des Winters und vermeiden dadurch Inzucht. Auf dem Weg in die Fremde orientieren sie sich an Landschaftsstrukturen wie Tälern, Waldrändern oder Flüssen. Doch unterwegs lauern viele Gefahren. Vor allem der Straßenverkehr wird vielen Jungfüchsen zum Verhängnis. Die Beobachtung markierter Tiere hat ergeben, dass Fuchsrüden eher abwandern als weibliche Füchse. Auch die zurückgelegten Strecken der Männchen sind größer. Bevor sie ein neues Gebiet besiedeln, überprüfen die Füchse es erst auf Markierungen von Artgenossen, die die Anwesenheit von Rivalen oder möglichen Partnern verraten. Auch das Nahrungs- und Versteckangebot muss ausreichend sein.

Und in Zukunft?

Im kommenden Frühjahr kreisten unsere Gedanken wieder besonders häufig um Sophie. Wir waren optimistisch, dass sie den Winter überlebt hatte. Wir fragten uns häufig, ob es ihr gut ging und sie jetzt vielleicht ihren eigenen ersten Wurf Welpen großzog. Zu gerne hätten wir sie dabei begleitet.

Neugierig und mutig tapsten die kleinen Welpen auf die Kamera zu. Wir fragten uns, ob Sophie inzwischen wohl auch Junge hatte.

Schließlich überwand auch Klaus den Abschiedsschmerz und er ging ein neues Fotoprojekt an. Anfang April, als der Wald begann, langsam wieder grün zu werden, beobachtete er zwei kleine Füchse, die in einem hohlen Baumstamm spielten. Irgendwo in der Nähe musste ein Fuchsbau sein. Die niedlichen Kerle waren das perfekte Fotomotiv. Um sie nicht zu stören, baute Klaus seine Kamera vor dem Stamm auf und installierte eine Lichtschranke. Sobald die Kleinen dort spielten, schickte ihm die Kamera ein Foto auf seinen Laptop. In einem Tarnzelt in der Nähe verfolgte Klaus die Ergebnisse und erfreute sich an den kleinen Füchsen, die keck in die Kamera blickten.

Als ich diese Bilder zum ersten Mal sah, war ich begeistert. In meine Freude über die kleinen Welpen mischten sich bald Gedanken an Sophie, aber etwas hatte sich geändert. Ich begann, nicht mehr nur mit Wehmut und Trauer an sie zu denken, sondern auch mit Dankbarkeit.

Die Beziehung zu der Füchsin Sophie hat dazu geführt, dass Klaus und ich den Wald mit anderen Augen sehen. Wir haben von ihr gelernt, ihn auf »füchsische« Weise zu betrachten. Sophie hat uns auch gezeigt, dass Füchse unterschiedliche Charaktere besitzen. Sie war eben ein ganz besonderer Fuchs, und unsere Erlebnisse mit ihr waren einmalig. Sie hat uns in ihrer Welt geduldet, uns an ihrem Leben teilhaben lassen und sich gefreut, wenn wir in ihrer Nähe waren. Es war eine außergewöhnliche Freundschaft!

Fuchsige Fakten

1_ Name und Familie

Der Rotfuchs *(Vulpes vulpes)* ist der mitteleuropäische Vertreter der Füchse und wird daher oft einfach nur Fuchs genannt. Er gehört zur Ordnung der Raubtiere (Carnivora). Zusammen mit Wölfen, Schakalen und Kojoten gehört er der Familie der Hunde (Canidae) an.

2_ Aussehen

Männliche Füchse, auch Rüden genannt, erreichen ausgewachsen eine Körperlänge von 62 bis 78 cm. Hinzu kommt eine Schwanzlänge von 36 bis 51 cm. Weibchen, auch Fähen genannt, sind etwas kleiner. Sie werden 61 bis 73 cm lang, ihr Schwanz 33 bis 49 cm. Ein ausgewachsener Fuchs wiegt im Durchschnitt 5,5 bis 6,6 kg. Einzelne Exemplare können aber deutlich schwerer werden. Das Gewicht schwankt je nach Jahreszeit und Ernährungszustand des Tieres. Das Fell des Fuchses ist oben rötlich gelb bis tiefrot und unten reinweiß bis grau. Die Unterseite der Beine und Hinterseite der Ohren ist schwarz. Besonders helle Exemplare werden auch als Birkfuchs bezeichnet, besonders dunkle als Kohlfuchs.

3_ Verbreitung

Von allen Fleischfressern weltweit haben Füchse das größte Verbreitungsgebiet. Sie können sowohl nördlich des Polarkreises als auch in fast tropischen Gebieten leben. In Nordamerika kommen sie von den Aleuten bis Neufundland vor – mit Ausnahme von Arizona, Südflorida und einem Streifen von Alberta bis Mexiko. Rotfüchse besiedeln Eurasien von Irland bis zum Beringmeer. In Australien und einigen Pazifikinseln wurden sie vom Menschen ausgesetzt.

4_ Lebensraum

Durch ihre hohe Anpassungsfähigkeit finden sich Füchse in den unterschiedlichsten Lebensräumen zurecht. Sie benötigen nur ausreichend Deckung und Nahrung. Die finden sie sowohl in Wäldern, Grasland und Äckern als auch im menschlichen Siedlungsbereich. Wie andere Kulturfolger auch haben Füchse gelernt, menschliche Strukturen für sich zu nutzen. Stille Friedhöfe, Kleingärten und Parks bieten genügend Rückzugsmöglichkeiten. Abfälle und Komposthaufen sind leicht erreichbare Nahrungsquellen. Die Streifgebiete von Stadtfüchsen sind aufgrund der optimalen Lebensbedingungen oft kleiner als die von ihren Artgenossen in Wald und Feld. Im urbanen Bereich ist die Fuchsdichte häufig deutlich höher als in ländlichen Gegenden.

5_ Lebensweise

Früher ging man davon aus, dass Füchse Einzelgänger sind und sich nur zur Paarungszeit treffen. Heute weiß man, dass Füchse auch in Familiengruppen leben können. Diese bestehen meist aus einem Rüden und einer Fähe, die sich miteinander fortpflanzen, und weiteren erwachsenen weiblichen Füchsen, die wiederum oft Schwestern, Tanten oder Töchter der sich fortpflanzenden Fähe sind. Die Hauptaktivitätsphasen von Füchsen liegen in der Nacht und in der Dämmerung. Nur in der Paarungszeit und zur Jungenaufzucht sind sie vermehrt tagsüber unterwegs. Je höher der Jagddruck in einem Gebiet ist, desto scheuer sind sie. In unbejagten Gebieten sieht man sie häufiger als in Gebieten, in denen ihnen nachgestellt wird. Außerhalb der Fortpflanzungszeit und der Jungenaufzucht halten Füchse sich nur selten im Bau auf. Sie bevorzugen geschützte oberirdische Ruheplätze. Den Bau graben Füchse entweder selbst oder sie benutzen vorhandene Strukturen wie Holzpolter, Dohlen, umgefal-

lene Wurzelteller von Bäumen und Ähnliches. Sie nutzen auch Baue von Dachsen und leben mit diesen in einer Art Wohngemeinschaft: derselbe Bau, aber getrennte Schlafzimmer und Eingänge.

6_ Ernährung

Füchse sind Nahrungsopportunisten und ernähren sich vorzugsweise von Nahrung, die ohne großen Aufwand zu erbeuten ist und gleichzeitig möglichst viel Energie liefert. Sie können sich auf unterschiedlichste Nahrungsquellen einstellen. Hauptbeute sind in den meisten Gebieten Mäuse, zum Teil auch Kaninchen. Regenwürmer, Schnecken, Käfer und Insekten werden ebenfalls gefressen. Ausgewachsene Rehe und Hasen fallen dem Fuchs nur zum Opfer, wenn sie krank und geschwächt sind, Jungtiere hingegen sind beliebte Beute. Wildgeflügel findet sich nur selten im Magen von Füchsen, da es relativ schwer zu fangen ist. Leichtes Spiel hat der Fuchs mit Hausgeflügel. Obwohl Füchse zu den Fleischfressern gehören, ernähren sie sich vor allem im Sommer zum Großteil von pflanzlicher Kost. Reife Beeren und Obst liefern viele Proteine, die gut geeignet sind, um Fettreserven für den Winter anzulegen. In der kalten Jahreszeit spielt auch Aas in der Ernährung der Füchse eine wichtige Rolle. Sie lernen schnell, dass sie in urbanen Gegenden vom Abfall der Menschen profitieren können. Er ist eine leichte, fast immer vorhandene Nahrungsquelle.

7_ Sinne und Kommunikation

Die Nase ist das wichtigste Sinnesorgan der Füchse. Sie besitzen etwa 225 Millionen Riechzellen, wir Menschen dagegen nur 500 000. Mit ihren großen Ohren, die sie um 100 Grad von vorn nach hinten drehen können, nehmen sie Frequenzen bis zu 65 kHz war. Menschen dagegen hören nur bis zu einem Bereich von 16 kHz. Ähnlich wie Katzen besitzen Füchse senkrecht stehende

Pupillen, und ihre Augen sind bestens an ein Leben in der Dämmerung und Nacht angepasst. Füchse kommunizieren miteinander vor allem durch Körpersprache und Mimik. Geruchliche Markierungen durch Harn und Kot spielen ebenfalls eine große Rolle. Schließlich steht ihnen auch eine große Zahl von Lautäußerungen zur Verfügung wie Bellen, Schreien, Keckern, Winseln und Jammern.

8_ Fortpflanzung

Füchse werden mit etwa 10 Monaten geschlechtsreif. Die Paarungszeit, auch Ranzzeit genannt, dauert von Dezember bis März, wobei die Fähe nur zwei bis drei Tage befruchtungsfähig ist. Nach einer Tragzeit von etwa 50 Tagen kommen im Schnitt vier bis sechs Welpen im Bau zur Welt. Die Anzahl der Welpen ist abhängig von Nahrungsangebot und Sterblichkeitsrate. Je höher diese liegt, desto mehr Jungtiere werden geboren. Bei der Geburt sind die Welpen blind und taub. Sie haben ein wollig graubraunes Fell und wiegen 80 bis 160 g.

9_ Jungenaufzucht

Die Fähe verlässt den Bau in den ersten zwei bis drei Wochen nicht, sondern säugt ihre Welpen und beleckt deren After und Bauch. Während dieser Zeit versorgt der Rüde seine Partnerin mit Nahrung. Nach 12 bis 14 Tagen öffnen die Jungen die Augen und mit etwa vier Wochen verlassen sie das erste Mal den Bau. Ihr Haarkleid färbt sich nun langsam rot.

10_ Lebenserwartung

Füchse in freier Wildbahn können theoretisch etwa acht bis neun Jahre alt werden. Nur die wenigsten erreichen jedoch dieses hohe Alter. Die meisten sterben noch innerhalb ihres ersten Lebensjahres. Etwa 95 % der Füchse erleben ihren vierten Geburtstag nicht mehr. In Gefangenschaft können Füchse bis zu 14 Jahre alt werden.

Weiterführende Literatur

Behrend, K. und F. Labhardt: Der Fuchs. Gräfe und Unzer Verlag, München 1992
Gloor, S., Bontadina F. und D. Hegglin: Stadtfüchse. Haupt Verlag, Bern 2006
Labhardt, F.: Der Rotfuchs. Naturgeschichte, Ökologie und Verhalten dieses erstaunlichen Jagdwildes. Paul Parey Zeitschriftenverlag, Hamburg 1990
MacDonald, D.: Unter Füchsen – eine Verhaltensstudie. Knesebeck Verlag, München 1999
Schumann, G.: Wilde Füchse ganz vertraut. Neumann-Neudamm, Melsungen 2006

Danksagung

Bedanken möchten wir uns in erster Linie bei unseren Partnern Christiane und Richard. Sie mussten in dem halben Jahr, indem wir die Freundschaft mit Sophie genießen durften, oft auf unsere Anwesenheit verzichten. Beide hatten Verständnis für unsere Beziehung zur »rothaarigen Geliebten«, und ihre Eifersucht hielt sich glücklicherweise in Grenzen. Auch Klaus' Sohn Martin musste in dieser Zeit auf einige Ausflüge mit seinem Vater verzichten. Meine Mutter und Richard haben mich beim Schreiben unterstützt und mir mit Rat und Kritik weitergeholfen. Christiane hat als Klaus' strengste Kritikerin mit gutem Geschmack dazu beigetragen, dass wir die richtigen Bilder ausgewählt haben. Unser Dank gilt ebenfalls dem BLV Buchverlag, der mit der Idee dieses Buches auf uns zugekommen ist, und hier insbesondere unserer Lektorin Katharina May. Letztendlich gilt unser Dank aber vor allem Sophie, mit der wir eine außergewöhnliche Freundschaft erleben durften – und wir hoffen, dass sie es uns nicht übel nimmt, dass auch andere Füchse in diesem Buch abgebildet sind!

Über den Fotografen

Klaus Echle (geb. 1964) ist gelernter Koch, studierter Dipl. Ing. (FH) Forstwirtschaft und arbeitet seit 2002 als Revierleiter (Förster) in Freiburg i. Br. Darüber hinaus ist er passionierter Tier- und Naturfotograf. Mit seiner Fotografie möchte er Verhaltensweisen, ökologische Zusammenhänge, das Verhältnis Mensch-Natur, bedrohte Arten und Lebensräume kreativ und künstlerisch darstellen. Die heimische Natur des Schwarzwaldes liegt ihm dabei besonders am Herzen. Seine Bilder wurden bereits in verschiedenen Büchern und Zeitschriften veröffentlicht und mehrfach bei internationalen Fotowettbewerben ausgezeichnet, zum Beispiel »Europäischer Naturfotograf des Jahres«, »Glanzlichter« und »BBC Wildlife Photographer of the Year«. Mit der Geschichte um die Füchsin gewann er 2011 den »Fritz Pölking Preis«.

Über die Autorin

Anna Rummel (geb. 1981) ist Diplomforstwirtin und arbeitet an der Forstlichen Versuchs- und Forschungsanstalt Baden-Württemberg in der Abteilung Waldnaturschutz, Arbeitsbereich Wildtierökologie. Nach ihrer Diplomarbeit beschäftigte sie sich zunächst mit der Telemetrie von Rotwild. Heute erarbeitet sie Lösungsvorschläge für ein konfliktfreies Zusammenleben von Menschen und Wildtieren. In ihrer Freizeit ist sie passionierte Jägerin und Hundeführerin. Sie lebt zusammen mit ihrem Mann und ihrer Tochter bei Freiburg im Breisgau.

Impressum

Bibliografische Information der Deutschen Nationalbibliothek
Die Deutsche Nationalbibliothek verzeichnet diese Publikation in der Deutschen Nationalbibliografie; detaillierte bibliografische Daten sind im Internet über http://dnb.d-nb.de abrufbar.

2. Auflage

BLV Buchverlag GmbH & Co. KG
80797 München

Bildnachweis
Alle Bilder von Klaus Echle

Umschlagfotos: Klaus Echle
Layoutkonzeption Innenteil: griesbeck design, München
Lektorat: Katharina May
Herstellung: Hermann Maxant
DTP: Uhl + Massopust, Aalen

Gedruckt auf chlorfrei gebleichtem Papier

Printed in Germany
ISBN 978-3-8354-1177-7

Hinweis
Das vorliegende Buch wurde sorgfältig erarbeitet. Dennoch erfolgen alle Angaben ohne Gewähr. Weder Autoren noch Verlag können für eventuelle Nachteile oder Schäden, die aus den im Buch vorgestellten Informationen resultieren, eine Haftung übernehmen.